上海市工程建设规范

建设用砂氯离子含量快速测试技术标准

Standard for rapid test method of chloride ion content in construction sand

DG/TJ 08—2437—2024

J 17269—2023

主编单位:上海市建筑科学研究院有限公司

批准部门:上海市住房和城乡建设管理委员会

施行日期:2024 年 2 月 1 日

同济大学出版社

2024　上海

图书在版编目(CIP)数据

建设用砂氯离子含量快速测试技术标准 / 上海市建筑科学研究院有限公司主编. --上海：同济大学出版社，2024.12. -- ISBN 978-7-5765-1429-2

Ⅰ. TU521.1-65

中国国家版本馆 CIP 数据核字第 2025L4J819 号

建设用砂氯离子含量快速测试技术标准

上海市建筑科学研究院有限公司　**主编**

责任编辑　朱　勇
责任校对　徐春莲
封面设计　陈益平

出版发行　同济大学出版社　　www.tongjipress.com.cn
（地址：上海市四平路 1239 号　邮编：200092　电话：021－65985622）
经　　销　全国各地新华书店
印　　刷　常熟市华顺印刷有限公司
开　　本　889mm×1194mm　1/32
印　　张　1.5
字　　数　38 000
版　　次　2024 年 12 月第 1 版
印　　次　2024 年 12 月第 1 次印刷
书　　号　ISBN 978-7-5765-1429-2
定　　价　20.00 元

上海市住房和城乡建设管理委员会文件

沪建标定〔2023〕440 号

上海市住房和城乡建设管理委员会
关于批准《建设用砂氯离子含量快速测试技术标准》为上海市工程建设规范的通知

各有关单位：

由上海市建筑科学研究院有限公司主编的《建设用砂氯离子含量快速测试技术标准》，经我委审核，现批准为上海市工程建设规范，统一编号为 DG/TJ 08—2437—2024，自 2024 年 2 月 1 日起实施。

本标准由上海市住房和城乡建设管理委员会负责管理，上海市建筑科学研究院有限公司负责解释。

上海市住房和城乡建设管理委员会

2023 年 8 月 21 日

前　言

根据上海市住房和城乡建设管理委员会《关于印发〈2021年上海市工程建设规范、建筑标准设计编制计划〉的通知》(沪建标定〔2020〕771号)的要求,编制组经广泛调查研究,认真总结实践经验,参考有关国内标准,并在广泛征求意见的基础上,制定本标准。

本标准的主要内容有:总则;术语和符号;基本规定;取样与样品制备;快速硝酸银法(定性法);快速硝酸银法(定量法);全自动电位滴定法。

各单位及相关人员在执行本标准过程中,如有意见和建议,请反馈至上海市住房和城乡建设管理委员会(地址:上海市大沽路100号;邮编:200003;E-mail:shjsbzgl@163.com),上海市建筑科学研究院有限公司(地址:上海市申富路568号《建设用砂氯离子含量快速测试技术标准》编委办公室;邮编:201108;E-mail:13817835727@163.com),上海市建筑建材业市场管理总站(地址:上海市小木桥路683号;邮编:200032;E-mail:shgcbz@163.com),以供今后修订时参考。

主 编 单 位:上海市建筑科学研究院有限公司

参 编 单 位:同济大学

上海大学

上海建科检验有限公司

上海建工建材科技集团股份有限公司

上海城建物资有限公司

上海申昆混凝土集团有限公司

主要起草人：韩建军　孙丹丹　孙振平　於林锋　王　琼
孙飞鹏　周　渊　靳海燕　葛好升　卫智勇
覃　爽　杨　辉　张登松　杨海静　徐丽娟
周鹣鸣　张湫昊　王璐瑶　樊俊江　史若昕
颜婷婷　陈旻琦　张　杰　耿莉莉　陈嘉敏
杨一杰　张世敏　杨君奕　秦　伟　梁国强

主要审查人：施惠生　钟伟荣　樊　钧　朱建华　刘卫东
徐亚玲　贺鸿珠

上海市建筑建材业市场管理总站

目　次

Contents

1 总 则

1.0.1 为进一步提高本市建设用砂质量控制水平，规范建设用砂氯离子含量的快速测试方法，提高建设用砂氯离子含量测试效率，制定本标准。

1.0.2 本标准适用于建设用砂氯离子含量的快速测试。

1.0.3 建设用砂氯离子含量快速测试除应符合本标准外，尚应符合国家、行业和本市现行有关标准的规定。

2 术语和符号

2.1 术 语

2.1.1 建设用砂 construction sand

是指用于建设工程的天然砂、机制砂和混合砂。

2.1.2 快速硝酸银法(定性法) rapid silver nitrate method (qualitative method)

基于采用原状砂制样和超声分散加速氯离子溶出等手段,在中性或弱碱性范围内以铬酸钾标准溶液为指示剂,用硝酸银标准溶液来测试建设用砂氯离子含量范围的方法。

2.1.3 快速硝酸银法(定量法) rapid silver nitrate method (quantitative method)

基于采用原状砂制样和超声分散加速氯离子溶出等手段,在中性或弱碱性范围内以铬酸钾标准溶液为指示剂,用硝酸银标准溶液来滴定测试建设用砂氯离子含量的方法。

2.1.4 全自动电位滴定法 full automatic potentiometric titration

基于采用原状砂制样和超声分散加速氯离子溶出等手段,利用电位突跃指示建设用砂氯离子滴定终点来测试建设用砂氯离子含量的方法。

2.2 符 号

C——硝酸银标准溶液浓度;

Q_f——氯离子含量;

n——加入硝酸银标准溶液的次数;

V_0——空白试验时消耗的硝酸银标准溶液体积；

V——样品消耗的硝酸银标准溶液体积；

m——试样的质量。

3 基本规定

3.0.1 氯离子含量快速测试方法的测试样本应采用原状砂。

3.0.2 快速硝酸银法(定性法)可用于建设用砂氯离子含量范围的快速定性测试。

3.0.3 快速硝酸银法(定量法)和全自动电位滴定法均可用于建设用砂氯离子含量的快速定量测试。

3.0.4 氯离子含量快速测试所采用试剂材料的处置不应对人体、生物、环境产生有害影响。

3.0.5 氯离子含量测试中,当各种方法的测试结果发生争议时,应以现行国家标准《建设用砂》GB/T 14684 中规定方法的测试结果为准。

4 取样与样品制备

4.1 取 样

4.1.1 建设用砂氯离子含量快速测试试验取样应符合下列规定：

1 在料堆上取样时，取样部位应均匀分布。取样时，应先将取样部位表层铲除，然后从不同部位随机抽取大致等量的砂8份，组成一组样品。

2 从皮带运输机上取样时，应用与皮带等宽的接料器在皮带运输机机头出料处全断面定时随机抽取大致等量的砂4份，组成一组样品。

3 从火车、汽车、货船上取样时，应从不同部位和深度随机抽取大致等量的砂8份，组成一组样品。

4.1.2 建设用砂氯离子含量快速测试试验的一组样品取样数量不应少于4.4 kg。

4.2 样品制备

4.2.1 建设用砂氯离子含量快速测试试样制备应符合下列规定：

1 当采用分料器法时，应先将样品在潮湿状态下拌和均匀，然后通过分料器，取接料器中的其中一份再次通过分料器，从其中任意一份中称取试样不应少于500 g。

2 当采用人工四分法时，应先将所取样品置于平板上，在潮湿状态下拌和均匀，并堆成厚度约为20 mm的圆饼，然后沿互相垂直的两条直径把圆饼分成大致相等的 4 份，从其中任意一份中称取试样不应少于 500 g。

4.2.2 经缩分后的试样应分为大致相等的 2 份，密封储存备用。

4.3 试验记录

4.3.1 建设用砂氯离子含量快速测试过程中，应做好试验记录。

4.3.2 试验记录应至少包括下列内容：

1 取样日期和时间。

2 取样地点和取样人。

3 取样方法。

4 供货单位。

5 建设用砂的品种、产地。

6 样品编号。

7 样品数量。

8 环境温度。

9 试验室温度。

10 仪器设备名称。

11 试验单位、地点。

12 试验人员和复核人员。

13 检验方法。

5 快速硝酸银法(定性法)

5.1 一般规定

5.1.1 试验所采用的仪器设备应符合试验精度要求。

5.1.2 试验所采用的试剂材料配制应按照现行国家标准《化学试剂 标准滴定溶液的制备》GB/T 601 和《化学试剂杂质测定用标准溶液的制备》GB/T 602 中的规定执行,并经标定合格后方可使用。

5.1.3 试验环境温度应保持在(20±5)℃。

5.2 仪器设备及试剂材料

5.2.1 试验用仪器设备应符合下列规定:

1 天平:称量宜为 1 000 g,感量为 0.01 g。

2 带塞磨口瓶:为 1 L 磨口瓶。

3 数控超声清洗器:超声功率宜为 500 W;超声频率范围 25 kHz~60 kHz;带有加热装置,温控范围 1℃~80℃。

4 三角瓶:容量为 50 mL。

5 烧杯:容量为 1 000 mL。

6 可调式移液枪:配备移液枪 2 支,容量均应为 10 mL,精确度应为 0.01 mL。

7 滤纸、漏斗、搪瓷刷和毛刷等。

5.2.2 试验用试剂材料应符合下列规定:

1 标准液应使用浓度为 0.01 mol/L 的氯化钠标准溶液。

2 滴定液应使用浓度为 0.01 mol/L 的硝酸银标准溶液。

3 指示剂应使用浓度为 5%的铬酸钾指示剂溶液。

5.3 检测方法与结果处理

5.3.1 试验前应按照现行行业标准《普通混凝土用砂、石质量及检验方法标准》JGJ 52 中砂的含水率试验(快速法)测试样品的含水率 w。

5.3.2 试验前应将超声清洗器超声功率设定为 500 W,超声频率设定为 40 kHz,清洗液加热至 20℃。

5.3.3 快速硝酸银法(定性法)试验应按下列步骤进行:

1 空白试验:应用移液枪移取 10 mL 蒸馏水置于三角瓶中,向三角瓶中加入 1 mL 的 5%铬酸钾指示剂,并用硝酸银标准溶液滴定至溶液呈现砖红色为止,记录此点消耗的硝酸银标准溶液体积 V_0,精确至 0.01 mL。

2 应分别称取[200/(1－w)]g 的试样和[200－200/(1－w)×w]g 的蒸馏水,精确至 0.01 g,依次倒入磨口瓶中,盖上塞子,摇晃均匀后放到超声清洗器的网架上超声分散 10 min,期间应每隔 3 min 摇晃一次磨口瓶,以使氯盐充分溶解。

3 应将磨口瓶上部已澄清的溶液过滤,用移液枪移取 10 mL 滤液,置于 50 mL 的三角瓶中。

4 应向滤液中加入 1 mL 的 5%铬酸钾指示剂,然后用移液枪移取(2.82＋V_0) mL 的硝酸银标准溶液直接加入三角瓶中。若溶液未呈砖红色,则继续用移液枪移取 2.82 mL 的硝酸银标准溶液加入三角瓶中。应记录样品消耗的硝酸银标准溶液体积 V。

5.3.4 建设用砂氯离子含量范围应按下列方法进行确定:

1 当 V＝2.82＋V_0 时,溶液呈砖红色,氯离子含量范围应为小于等于 0.01%。

2 当 V＝5.64＋V_0 时,溶液呈砖红色,氯离子含量范围应为大于 0.01%且不大于 0.02%。

3 当 V＝5.64＋V_0 时,溶液未呈砖红色,氯离子含量范围应为大于 0.02%。

6 快速硝酸银法(定量法)

6.1 一般规定

6.1.1 试验所采用的仪器设备应符合试验精度要求。

6.1.2 试验所采用的试剂材料配制应按照现行国家标准《化学试剂标准滴定溶液的制备》GB/T 601 和《化学试剂杂质测定用标准溶液的制备》GB/T 602 中的规定执行,并经标定合格后方可使用。

6.1.3 试验环境温度应保持在(20±5)℃。

6.2 仪器设备及试剂材料

6.2.1 试验用仪器设备应符合下列规定:

1 天平:称量宜为 1 000 g,感量为 0.01 g。

2 带塞磨口瓶:为 1 L 磨口瓶。

3 数控超声清洗器:超声功率宜为 500 W;超声频率范围 25 kHz~60 kHz;带有加热装置,温控范围 1℃~80℃。

4 三角瓶:容量为 50 mL。

5 烧杯:容量为 1 000 mL。

6 可调式移液枪:1 mL、10 mL 移液枪应各 1 支,精确度分别应为 0.001 mL 和 0.01 mL。

7 滤纸、漏斗、搪瓷刷和毛刷等。

6.2.2 试验用试剂材料应符合下列规定:

1 标准液应使用浓度为 0.01 mol/L 氯化钠标准溶液。

2 滴定液应使用浓度为 0.01 mol/L 硝酸银标准溶液。

3 指示剂应使用浓度为 5%的铬酸钾指示剂溶液。

6.3 检测方法与结果处理

6.3.1 试验前应按照现行行业标准《普通混凝土用砂、石质量及检验方法标准》JGJ 52 中砂的含水率试验(快速法)测试样品的含水率 w。

6.3.2 试验前应将超声清洗器超声功率设定为 500 W，超声频率设定为 40 kHz，清洗液加热至 20℃。

6.3.3 快速硝酸银法(定量法)试验应按下列步骤进行：

1 空白试验：应用移液枪移取 10 mL 蒸馏水置于三角瓶中，向三角瓶中加入 1 mL 的 5%铬酸钾指示剂，并用硝酸银标准溶液滴定至溶液呈现砖红色为止，记录此点消耗的硝酸银标准溶液体积 V_0，精确至 0.01 mL。

2 应分别称取[200/(1－w)]g 的试样和[200－200/(1－w)×w]g 的蒸馏水，精确至 0.01 g，依次倒入磨口瓶中，盖上塞子，摇晃均匀后放到超声清洗器的网架上超声分散 10 min，期间应每隔 3 min 摇晃一次磨口瓶，以使氯盐充分溶解。

3 应将磨口瓶上部已澄清的溶液过滤，用移液枪移取 10 mL 滤液，置于 50 mL 的三角瓶中。

4 应向滤液中加入 1 mL 的 5%铬酸钾指示剂，然后用移液枪移取(0.282+V_0) mL 的硝酸银标准溶液加入三角瓶中。若溶液未呈砖红色，则继续用移液枪依次移取 0.282 mL 的硝酸银标准溶液加入三角瓶中，滴定至溶液呈现砖红色为终点。

6.3.4 建设用砂氯离子含量测试结果应按下式计算：

$$Q_f = (0.001n) \times 100\% \tag{6.3.4}$$

式中：Q_f——氯离子含量(%)，精确至 0.001%。

n——加入硝酸银标准溶液的次数。

6.3.5 氯离子含量应取两次试验结果的算术平均值，精确至 0.001%。

7　全自动电位滴定法

7.1　一般规定

7.1.1　试验所采用的仪器设备应符合试验精度要求。

7.1.2　试验所采用的试剂材料配制应按照现行国家标准《化学试剂标准滴定溶液的制备》GB/T 601 和《化学试剂杂质测定用标准溶液的制备》GB/T 602 中的规定执行，并经标定合格后方可使用。

7.1.3　试验环境温度应保持在(20±5)℃。

7.2　仪器设备及试剂材料

7.2.1　试验用仪器设备应符合下列规定：

1　天平：称量宜为 1 000 g，感量应为 0.01 g。

2　带塞磨口瓶：应为 1 L 磨口瓶。

3　数控超声清洗器：超声功率宜为 500 W；超声频率范围 25 kHz～60 kHz；带有加热装置，温控范围 1℃～80℃。

4　烧杯：100 mL、1 000 mL 烧杯应各 1 个。

5　移液枪：容量应为 10 mL，精确度应为 0.01 mL。

6　氯离子电位滴定装置：分辨率宜为 0.1 mV。

7　指示电极：应为氯离子选择电极。

8　参比电极：应为双盐桥饱和甘汞电极。

9　滤纸、漏斗、搪瓷刷和毛刷等。

7.2.2　试验用试剂材料应符合下列规定：

1　标准液应使用浓度为 0.01 mol/L 氯化钠标准溶液。

2 滴定液应使用浓度为 0.01 mol/L 硝酸银标准溶液。

7.3 检测方法与结果处理

7.3.1 试验前应按照现行行业标准《普通混凝土用砂、石质量及检验方法标准》JGJ 52 中砂的含水率试验(快速法)测试样品的含水率 w。

7.3.2 试验前应将超声清洗器超声功率设定为 500 W,超声频率设定为 40 kHz,清洗液加热至 20℃。

7.3.3 全自动电位滴定法试验应按下列步骤进行:

1 应分别称取[200/(1－w)]g 的试样和[200－200/(1－w)×w]g 的蒸馏水,精确至 0.01 g,依次倒入磨口瓶中,盖上塞子,摇晃均匀后放到超声清洗器的网架上超声分散 10 min,期间应每隔 3 min 摇晃一次磨口瓶,以使氯盐充分溶解。

2 应将磨口瓶上部已澄清的溶液过滤,用移液枪移取 10 mL 滤液,置于 100 mL 的烧杯中。

3 滴定前应向烧杯中加蒸馏水将滤液稀释至 50 mL,再加入 2 mL 的 0.01 mol/L 氯化钠标准溶液,然后将氯离子选择电极和参比电极插入滤液中,用硝酸银标准溶液逐渐滴定,化学计量点前后,每次滴加 0.05 mL 硝酸银标准溶液,记录滴定管读数和对应的毫伏计读数。计量点前,毫伏计读数变化越来越大;过计量点后,每滴加一次溶液,变化又将减小,继续滴定至毫伏计读数平缓时为止。用氯离子电位滴定装置计算出样品消耗的硝酸银标准溶液体积 V,精确至 0.05 mL。

4 同条件下,空白试验的步骤应为:用移液枪移取 50 mL 蒸馏水置于烧杯中,再加入 2 mL 的 0.01 mol/L 氯化钠标准溶液,然后将氯离子选择电极和参比电极插入滤液中,用硝酸银标准溶液逐渐滴定至毫伏计读数平缓时为止。用氯离子电位滴定装置计算出空白样消耗的硝酸银标准溶液体积 V_0,精确至 0.05 mL。

7.3.4 建设用砂氯离子含量测试结果应按下式计算：

$$Q_f = \frac{C \times (V - V_0) \times 0.0355 \times 20}{m} \times 100\% \quad (7.3.4)$$

式中：Q_f——氯离子含量（%），精确至 0.001%；

C——硝酸银标准溶液的浓度（mol/L）；

V——样品消耗的硝酸银标准溶液体积（mL）；

V_0——空白试验时消耗的硝酸银标准溶液体积（mL）；

m——试样的质量（g）。

7.3.5 氯离子含量应取两次试验结果的算术平均值，精确至 0.001%。

本标准用词说明

1　为便于在执行本标准条文时区别对待，对要求严格程度不同的用词说明如下：

1）表示很严格，非这样做不可的用词：
正面词采用“必须”；
反面词采用“严禁”。

2）表示严格，在正常情况下均应这样做的用词：
正面词采用“应”；
反面词采用“不应”或“不得”。

3）表示允许稍有选择，在条件许可时首先应这样做的用词：
正面词采用“宜”；
反面词采用“不宜”。

4）表示有选择，在一定条件下可以这样做的用词，采用“可”。

2　条文中指定应按照其他有关标准执行的写法为“应符合……规定”或“应按照……执行”。

引用标准名录

1 《化学试剂标准滴定溶液的制备》GB/T 601

2 《化学试剂杂质测定用标准溶液的制备》GB/T 602

3 《建设用砂》GB/T 14684

4 《普通混凝土用砂、石质量及检验方法标准》JGJ 52

上海市工程建设规范

建设用砂氯离子含量快速测试技术标准

DG/TJ 08—2437—2024
J 17269—2023

条 文 说 明

2024 上海

目　次

Contents

1 总 则

1.0.1 近年来，由于建设用天然河砂资源紧缺，供需矛盾日益紧张，导致大量来源广泛、成本低廉的淡化海砂涌入预拌混凝土、预拌砂浆等生产企业。虽然，欧美地区、日韩以及我国的台湾地区均已将海砂应用于工程建设，并积累了一定的应用经验，但海砂中氯盐含量较高，远远超过建设用砂的氯离子含量要求，如果未经处理或者处理不当，用于建设工程时，会对混凝土结构安全性和耐久性带来非常严重的影响，甚至导致建筑结构破坏、失效乃至整个建筑物倒塌。

为了推动砂石行业绿色发展，进一步加强本市建设用砂管理，上海市住房和城乡建设管理委员会于2020年3月发布了《关于印发〈关于加强本市建设用砂管理的暂行意见〉的通知》（沪建建材联〔2020〕81号）（简称"暂行意见"）。"暂行意见"明确规定供应商应委托有资质的第三方检测机构（或设立合规的单位内部试验室）对每批次建设用砂进行检测；预拌混凝土、预制构件、预拌砂浆等建筑材料的生产单位严禁使用氯离子含量不合格的建设用砂；每批次建设用砂使用前，生产单位应对砂中的氯离子含量和贝壳含量等主要指标进行检测，检测合格后方可使用。这些措施的实施，导致了本市对建设用砂氯离子含量检测的需求大幅增加。这里的建设用砂主要包括天然砂、机制砂和混合砂，依据国家标准《建设用砂》GB/T 14684 中规定天然砂为自然条件作用下岩石产生破碎、风化、分选、运移、堆/沉积形成的粒径小于4.75 mm 的岩石颗粒，包括河砂、湖砂、山砂、净化处理的海砂；机制砂为以岩石、卵石、矿山废石和尾矿等为原料，经除土处理，由机械破碎、整形、筛分、粉控等工艺制成的粒径小于4.75 mm 的颗粒。但不包括软质、风化的颗粒。混合砂是指由机制砂和天然砂按一定比例混合而成的砂。

为了有效贯彻“暂行意见”中建设用砂氯离子含量检测的相关规定，建设用砂供应商和生产单位均按照现行行业标准《普通混凝土用砂、石质量检验方法标准》JGJ 52 中硝酸银滴定的方法对砂中氯离子含量进行检测，该方法能较为精确地测出砂中氯离子含量，但是存在试验操作步骤繁杂、检测效率低等问题。

因此，结合本市建设用砂使用现状和氯离子含量检测需求，为进一步提高本市建设用砂质量控制水平，提高建设用砂氯离子含量的测试效率，从源头上对建设工程原材料质量进行把关，特制定本标准。

1.0.2 本条规定了标准的适用范围。

1.0.3 建设用砂氯离子含量测试方法较多，因此凡本标准有规定者，应遵照执行；而本标准无规定者，尚应按照国家、行业和本市现行有关标准的规定执行。

3 基本规定

3.0.1 本条规定了建设用砂氯离子含量快速测试所用的样品状态。建设用砂通常具有一定含水率，采用原状砂制备测试样品更能准确反应实际情况。原状砂是指取样后未经处理改变物理性能和化学成分的砂。

3.0.2，3.0.3 此两条规定了建设用砂氯离子含量快速测试方法的适用范围。

3.0.4 本条规定了氯离子含量快速测试采用的试剂材料及其处置不可对人体、生物和环境产生有害影响。

3.0.5 本条规定了建设用砂氯离子含量可采用本标准规定的快速硝酸银法或全自动电位滴定法进行测试，但是氯离子含量测试中，当各种方法的测试结果发生争议时，应以现行国家标准《建设用砂》GB/T 14684 中规定方法的测试结果为准。

4 取样与样品制备

4.1 取 样

4.1.1,4.1.2 此两条参照现行国家标准《建设用砂》GB/T 14684 规定了建设用砂氯离子含量测试的取样方法和取样数量,保证所取试样具有代表性。

4.2 样品制备

4.2.1 本条参照现行国家标准《建设用砂》GB/T 14684 规定了建设用砂氯离子含量测试的样品制备方法和样品数量,保证所取样品具有代表性和试验的可操作性。由于建设用砂氯离子含量快速测试直接采用原状砂制备样品,而建设用砂通常含有一定含水率,所以规定了样品缩分量不应少于 500 g。

4.2.2 本条规定了建设用砂氯离子含量测试的砂样应密封储存,以防止砂样中水分挥发。

4.3 试验记录

4.3.1,4.3.2 此两条规定了建设用砂氯离子含量快速测试的试验记录要求。

5　快速硝酸银法(定性法)

5.1　一般规定

5.1.1,5.1.2　此两条规定了试验用仪器设备和试剂材料的检定、校准或标定要求,保证测试结果的有效性和准确性。

5.1.3　本条规定了氯离子含量快速测试试验的环境温度。

5.2　仪器设备及试剂材料

5.2.1,5.2.2　此两条参照现行国家标准《建设用砂》GB/T 14684 的规定对试验仪器设备和试剂材料提出了要求。仪器设备和试剂材料直接影响氯离子含量测试结果的准确性。为了提高氯离子含量检测效率,本标准与现行国家标准《建设用砂》GB/T 14684 主要的不同为增加了数控超声清洗器以加速建设用砂氯离子含量的溶出速度;将滴定管换成了移液枪以准确移取特定氯离子含量所对应的硝酸银标准溶液体积,从而提升测试效率。

5.3　检测方法与结果处理

5.3.1　本条按照现行行业标准《普通混凝土用砂、石质量及检验方法标准》JGJ 52 中砂的含水率试验(快速法)规定了砂中含水率的测试方法。

5.3.2　本条规定了超声清洗器的超声功率、超声频率和清洗液温度。

5.3.3　本条规定了快速硝酸银法(定性法)测试建设用砂氯离子

含量的试验方法。该方法源于现行国家标准《建设用砂》GB/T 14684和现行行业标准《普通混凝土用砂、石质量及检验方法标准》JGJ 52中的"标准硝酸银滴定"方法，原理不变，操作变动有以下几点：

1 将原标准中样品制备由"干砂制样"调整为"原状砂制样"。变动的理由是现行国家标准《建设用砂》GB/T 14684和现行行业标准《普通混凝土用砂、石质量及检验方法标准》JGJ 52中的"标准硝酸银滴定"方法中的氯离子含量测试方法规定应先烘干砂样再测试，用恒温干燥箱将砂样烘干一般要3 h～4 h，一方面增加了砂中氯离子含量检测的时间；另一方面，建设用砂实际应用过程中，一般不存在烘干过程且大量研究表明干砂制样会造成氯离子损失。采用原状砂制样更能准确反应实际情况，且比干砂制样测得的氯离子含量略高(表1)，所得测试结果对于严格控制建设用砂中氯离子含量更加有利。

表1 同一砂样干砂制样和原状砂制样的氯离子含量测试结果

编号	干砂制样	原状砂制样	绝对差值
SY-1	0.001%	0.001%	0.000%
SY-2	0.001%	0.001%	0.000%
SY-3	0.001%	0.001%	0.000%
SY-4	0.002%	0.002%	0.000%
SY-5	0.002%	0.002%	0.000%
SY-6	0.002%	0.002%	0.000%
SY-7	0.003%	0.003%	0.000%
SY-8	0.003%	0.003%	0.000%
SY-9	0.003%	0.003%	0.000%
SY-10	0.005%	0.005%	0.000%
SY-11	0.005%	0.005%	0.000%
SY-12	0.005%	0.005%	0.000%

续表 1

编号	干砂制样	原状砂制样	绝对差值
SY-13	0.008%	0.009%	+0.001%
SY-14	0.008%	0.008%	0.000%
SY-15	0.008%	0.008%	0.000%
SY-16	0.010%	0.011%	+0.001%
SY-17	0.010%	0.011%	+0.001%
SY-18	0.010%	0.010%	0.000%
SY-19	0.012%	0.013%	+0.001%
SY-20	0.012%	0.012%	0.000%
SY-21	0.012%	0.012%	0.000%
SY-22	0.015%	0.015%	0.000%
SY-23	0.015%	0.015%	0.000%
SY-24	0.015%	0.016%	+0.001%
SY-25	0.016%	0.016%	0.000%
SY-26	0.016%	0.016%	0.000%
SY-27	0.016%	0.016%	0.000%
SY-28	0.020%	0.022%	+0.002%
SY-29	0.020%	0.020%	0.000%
SY-30	0.020%	0.023%	+0.003%
SY-31	0.051%	0.054%	+0.003%
SY-32	0.051%	0.060%	+0.009%
SY-33	0.051%	0.057%	+0.006%
SY-34	0.078%	0.089%	+0.011%
SY-35	0.078%	0.083%	+0.005%
SY-36	0.078%	0.086%	+0.008%
SY-37	0.083%	0.091%	+0.008%
SY-38	0.083%	0.089%	+0.006%
SY-39	0.083%	0.093%	+0.010%

2 将原标准中样品称取质量由“干砂样品 500 g”调整为“等

效干砂样品 200 g”。变动的理由是建设用砂氯离子含量测试试验前需按照国家现行标准《普通混凝土用砂、石质量及检验方法标准》JGJ 52 中砂的含水率试验(快速法)测试样品的含水率,如果在预拌混凝土等生产企业大批次用砂的情况下,需称取大量原状砂进行含水率测试试验,效率较低,容易影响到预拌混凝土等生产企业的正常生产。此处虽然称取原状砂样品质量为[$200/(1-w)$]g、蒸馏水质量[$200-200/(1-w)\times w$]g,但原状砂制样称取样品的质量仍为等效干砂 200 g。按照现行行业标准《普通混凝土用砂、石质量及检验方法标准》JGJ 52 中的“标准硝酸银滴定”方法,对同一砂样分别采用 500 g 样品和 200 g 样品测试砂中氯离子含量,结果表明二者测得的氯离子含量具有良好的一致性(表 2)。

表 2　同一砂样不同样品量下的氯离子含量测试结果

编号	样品量 500 g	样品量 200 g	绝对差值	编号	样品量 500 g	样品量 200 g	绝对差值
1	0.001%	0.001%	0.000%	11－4	0.002%	0.002%	0.000%
2	0.001%	0.001%	0.000%	15	0.002%	0.002%	0.000%
3	0.001%	0.001%	0.000%	16	0.002%	0.002%	0.000%
4	0.001%	0.001%	0.000%	17	0.002%	0.002%	0.000%
5	0.001%	0.001%	0.000%	18	0.002%	0.002%	0.000%
6	0.001%	0.001%	0.000%	19	0.002%	0.002%	0.000%
7	0.001%	0.001%	0.000%	20	0.002%	0.002%	0.000%
8	0.001%	0.001%	0.000%	21	0.002%	0.002%	0.000%
9	0.001%	0.001%	0.000%	22	0.002%	0.002%	0.000%
10	0.001%	0.001%	0.000%	23	0.002%	0.002%	0.000%
11	0.001%	0.001%	0.000%	24	0.003%	0.003%	0.000%
12	0.001%	0.001%	0.000%	25	0.003%	0.003%	0.000%
13	0.002%	0.002%	0.000%	26	0.003%	0.003%	0.000%

续表2

编号	样品量 500 g	样品量 200 g	绝对差值	编号	样品量 500 g	样品量 200 g	绝对差值
27	0.003%	0.003%	0.000%	52	0.007%	0.007%	0.000%
28	0.003%	0.003%	0.000%	53	0.007%	0.007%	0.000%
29	0.003%	0.003%	0.000%	54	0.007%	0.007%	0.000%
30	0.003%	0.003%	0.000%	55	0.008%	0.008%	0.000%
31	0.003%	0.003%	0.000%	56	0.008%	0.008%	0.000%
32	0.003%	0.003%	0.000%	57	0.008%	0.008%	0.000%
33	0.003%	0.003%	0.000%	58	0.010%	0.010%	0.000%
34	0.003%	0.003%	0.000%	59	0.010%	0.010%	0.000%
35	0.003%	0.003%	0.000%	60	0.010%	0.010%	0.000%
36	0.003%	0.003%	0.000%	61	0.012%	0.012%	0.000%
37	0.004%	0.004%	0.000%	62	0.012%	0.012%	0.000%
38	0.004%	0.004%	0.000%	63	0.012%	0.012%	0.000%
39	0.004%	0.004%	0.000%	64	0.015%	0.015%	0.000%
40	0.004%	0.004%	0.000%	65	0.015%	0.015%	0.000%
41	0.004%	0.004%	0.000%	66	0.015%	0.015%	0.000%
42	0.004%	0.004%	0.000%	67	0.016%	0.016%	0.000%
43	0.004%	0.004%	0.000%	68	0.016%	0.016%	0.000%
44	0.004%	0.004%	0.000%	69	0.016%	0.016%	0.000%
45	0.004%	0.004%	0.000%	70	0.020%	0.020%	0.000%
46	0.004%	0.004%	0.000%	71	0.020%	0.020%	0.000%
47	0.004%	0.004%	0.000%	72	0.020%	0.020%	0.000%
48	0.004%	0.004%	0.000%	73	0.051%	0.051%	0.000%
49	0.006%	0.006%	0.000%	74	0.051%	0.051%	0.000%
50	0.006%	0.006%	0.000%	75	0.051%	0.051%	0.000%
51	0.006%	0.006%	0.000%	76	0.078%	0.078%	0.000%

续表2

编号	样品量 500 g	样品量 200 g	绝对差值	编号	样品量 500 g	样品量 200 g	绝对差值
77	0.078%	0.078%	0.000%	80	0.083%	0.083%	0.000%
78	0.078%	0.078%	0.000%	81	0.083%	0.083%	0.000%
79	0.083%	0.083%	0.000%	/	/	/	/

3 将原标准中砂样的溶解方式由“摇动并放置 2 h，然后再每隔 5 min 摇动一次，共摇动 3 次”的方式变为“放到超声清洗器的网架上超声分散 10 min，期间应每隔 3 min 摇晃一次磨口瓶”的方法，以加速砂样中氯盐的溶解速度。借鉴超声分散的方法，以期快速使砂样中氯离子溶解在水中，进一步节约建设用砂氯离子含量测试时间。试验结果表明，对于同一砂样，采用超声分散方法可加速砂样中的氯离子溶解，采用超声分散＋搅拌方式或延长超声分散时间，均有利于砂样中氯离子的溶出。对氯离子含量为 0.02%以下的砂样，采用超声分散 10 min＋期间摇晃磨口瓶 3 次的方式加速砂中氯离子含量溶出，这样既可以大幅缩短砂样在水中的溶解时间，又对砂样中氯离子含量最终测试结果影响不大，与标准硝酸银滴定方法测试结果相比，二者所测结果存在近似的平行关系，可视为系统误差处理(表 3)。

表 3　不同溶解方式砂中氯离子含量测试结果

编号	标准硝酸银滴定法	超声 10 min＋摇 3 次	超声 20 min＋摇 3 次	超声 30 min＋摇 3 次
1	0.001%	0.001%	0.001%	0.001%
2	0.001%	0.001%	0.001%	0.001%
3	0.001%	0.001%	0.001%	0.001%
4	0.002%	0.002%	0.002%	0.002%
5	0.002%	0.002%	0.002%	0.002%

续表3

编号	标准硝酸银滴定法	超声 10 min+摇 3 次	超声 20 min+摇 3 次	超声 30 min+摇 3 次
6	0.002%	0.002%	0.002%	0.002%
7	0.003%	0.003%	0.003%	0.003%
8	0.003%	0.003%	0.003%	0.003%
9	0.003%	0.003%	0.003%	0.003%
10	0.005%	0.005%	0.005%	0.005%
11	0.005%	0.005%	0.005%	0.006%
12	0.005%	0.005%	0.005%	0.005%
13	0.012%	0.011%	0.011%	0.011%
14	0.012%	0.011%	0.011%	0.012%
15	0.012%	0.011%	0.011%	0.011%
16	0.016%	0.015%	0.015%	0.015%
17	0.016%	0.015%	0.016%	0.016%
18	0.016%	0.015%	0.015%	0.016%
19	0.020%	0.020%	0.020%	0.021%
20	0.020%	0.019%	0.019%	0.020%
21	0.020%	0.019%	0.020%	0.020%

4 将原标准中滤液移取量由用移液管移取 50 mL 变为用移液枪移取 10 mL。变动理由是按照现行行业标准《普通混凝土用砂、石质量及检验方法标准》JGJ 52 中“标准硝酸银滴定”方法最终需要移取 50 mL 滤液进行硝酸银滴定测试砂中氯离子含量。这样，一方面当建设用砂含泥量过高的时候会使得上层清液过滤花费时间较长；另一方面，滤液移取量过大，会导致最终滴定消耗的硝酸银标准溶液量过大。“暂行意见”发布以后建设用砂氯离子含量检测频次大幅增加，而硝酸银滴定法中硝酸银标和铬酸钾化学试剂均为危险化学品，即使检测单位通过扩项获得了相关检

测资质，上述化学试剂的采购和储存也相当麻烦，采用滤液移取量过大将产生大量的危险废液，导致检测单位的危废处置成本增加。因此，移液枪吸取 10 mL 滤液可缩短上层清液过滤所耗费的时间，提高试验可操作性。试验结果表明，移取 10 mL 滤液进行氯离子含量测试对试验结果基本没有影响，二者所测结果存在近似的平行关系，可视为系统误差处理(表 4)。

表 4 不同滤液移取量的氯离子含量测试结果

编号	50 mL 移取液	10 mL 移取液	绝对差值
1	0.001%	0.001%	0.000%
2	0.001%	0.001%	0.000%
3	0.001%	0.001%	0.000%
4	0.002%	0.002%	0.000%
5	0.002%	0.002%	0.000%
6	0.002%	0.002%	0.000%
7	0.003%	0.003%	0.000%
8	0.004%	0.003%	−0.001%
9	0.003%	0.003%	0.000%
10	0.006%	0.005%	−0.001%
11	0.005%	0.005%	0.000%
12	0.005%	0.005%	0.000%
13	0.012%	0.012%	0.000%
14	0.012%	0.012%	0.000%
15	0.012%	0.012%	0.000%
16	0.016%	0.016%	0.000%
17	0.016%	0.016%	0.000%
18	0.016%	0.016%	0.000%
19	0.020%	0.021%	+0.001%
20	0.020%	0.020%	0.000%
21	0.020%	0.020%	0.000%

5 测试方法由原来采用硝酸银标准溶液逐渐滴定变为直接用移液枪量取上海市建设用砂氯离子含量限值0.01%和0.02%两个界点对应消耗的硝酸银标准溶液体积直接加入滤液，通过是否变色来测试砂中氯离子含量范围，该方法与标准硝酸银滴定法测试结果具有良好的一致性。

5.3.4 本条规定了快速硝酸银法（定性法）测试建设用砂氯离子含量的结果处理方法。当在滤液中加入$(2.82+V_0)$ mL 的硝酸银标准溶液时，即0.01%氯离子含量对应消耗的硝酸银标准溶液体积，溶液呈砖红色说明硝酸银标准溶液是过量的，所以此时氯离子含量结果为小于0.01%，以此类推。

6 快速硝酸银法(定量法)

6.1 一般规定

6.1.1,6.1.2 此两条规定了试验用仪器设备和试剂材料的检定、校准或标定要求,保证测试结果的有效性和准确性。

6.1.3 本条规定了氯离子含量快速测试试验的环境温度。

6.2 仪器设备及试剂材料

6.2.1,6.2.2 此两条参照现行国家标准《建设用砂》GB/T 14684 的规定对试验仪器设备和试剂材料提出了要求。仪器设备和试剂材料直接影响氯离子含量测试结果的准确性。为了提高氯离子含量检测效率,与现行国家标准《建设用砂》GB/T 14684 主要的不同为增加了数控超声清洗器以加速建设用砂氯离子含量的溶出速度;将滴定管换成了移液枪以准确移取特定氯离子含量所对应的硝酸银标准溶液体积,从而提升测试效率。

6.3 检测方法与结果处理

6.3.1 本条按照现行行业标准《普通混凝土用砂、石质量及检验方法标准》JGJ 52 中砂的含水率试验(快速法)规定了砂中含水率的测试方法。

6.3.2 本条规定了超声清洗器的超声功率、超声频率和清洗液温度。

6.3.3 本条规定了采用快速硝酸银法(定量法)测试建设用砂氯

离子含量的试验方法。该方法操作变动除同条文说明 5.3.3 条中 1～4 款外，还有以下变动：原来采用硝酸银标准溶液逐渐滴定变为直接用移液枪依次移取 0.001％氯离子含量对应消耗的硝酸银标准溶液体积 0.282 mL 逐渐加入滤液，每次加入固定体积的硝酸银标准溶液，便于最终氯离子含量试验结果的计算。该方法与标准硝酸银滴定法测试结果具有良好的一致性(表 5)。

表 5　快速硝酸银法(定量法)测试氯离子含量验证试验结果

编号	标准硝酸银滴定法	快速硝酸银法(定量法)	绝对差值
1	0.001％	0.001％	0.000％
2	0.001％	0.001％	0.000％
3	0.001％	0.001％	0.000％
4	0.002％	0.002％	0.000％
5	0.002％	0.002％	0.000％
6	0.002％	0.002％	0.000％
7	0.003％	0.003％	0.000％
8	0.004％	0.004％	0.000％
9	0.003％	0.003％	0.000％
10	0.006％	0.006％	0.000％
11	0.005％	0.005％	0.000％
12	0.005％	0.005％	0.000％
13	0.012％	0.012％	0.000％
14	0.012％	0.012％	0.000％
15	0.012％	0.012％	0.000％
16	0.016％	0.016％	0.000％
17	0.016％	0.016％	0.000％

续表 5

编号	标准硝酸银滴定法	快速硝酸银法(定量法)	绝对差值
18	0.016%	0.016%	0.000%
19	0.020%	0.020%	0.000%
20	0.020%	0.020%	0.000%
21	0.020%	0.020%	0.000%

6.3.4,6.3.5 此两条规定了快速硝酸银法(定量法)测试建设用砂氯离子含量结果的计算和评定方法。

7 全自动电位滴定法

7.1 一般规定

7.1.1,7.1.2 此两条规定了试验用仪器设备和试剂材料的检定、校准或标定要求,保证测试结果的有效性和准确性。

7.1.3 本条规定了氯离子含量快速测试试验的环境温度。

7.2 仪器设备及试剂材料

7.2.1,7.2.2 此两条参照现行国家标准《建设用砂》GB/T 14684 的规定对试验仪器设备和试剂材料提出了要求。仪器设备和试剂材料直接影响氯离子含量测试结果的准确性。为了提高氯离子含量检测效率,与现行国家标准《建设用砂》GB/T 14684 主要的不同为增加了数控超声清洗器以加速砂中氯离子含量的溶出速度,将滴定管换成了氯离子电位滴定装置、指示电极和参比电极。全自动电位滴定装置是根据溶液电位突变来指示终点的滴定法,自动化程度比较高,可消除因个体差异而引入的系统误差。

7.3 检测方法与结果处理

7.3.1 本条按照现行行业标准《普通混凝土用砂、石质量及检验方法标准》JGJ 52 中砂的含水率试验(快速法)规定了砂中含水率的测试方法。

7.3.2 本条规定了超声清洗器的超声功率、超声频率和清洗液温度。

7.3.3 本条规定了采用全自动电位滴定法测试建设用砂氯离子含量的试验方法。该方法操作变动除同条文说明 5.3.3 条中 1～4 款外,还有以下变动:电位滴定法以氯离子选择电极作为指示电极,其电势随 Cl^- 浓度而变化,以甘汞电极为参比电极,用电位计测定两电极在溶液中组成原电池的电势,银离子与氯离子反应生成溶解度很小的氯化银白色沉淀。在等当量点前滴入硝酸银生成氯化银沉淀,两电极间电势变化缓慢,达到等当量点时氯离子全部生成氯化银沉淀,这时滴入少量硝酸银即引起电势急剧变化,可指示出滴定终点。该方法与标准硝酸银滴定法测试结果不仅具有良好的一致性(表 6),而且可消除因个体差异而引入的系统误差。

表 6 全自动电位滴定法测试氯离子含量验证试验结果

编号	标准硝酸银滴定法	全自动电位滴定法	绝对差值
1	0.001%	0.001%	0.000%
2	0.001%	0.001%	0.000%
3	0.001%	0.001%	0.000%
4	0.002%	0.002%	0.000%
5	0.002%	0.002%	0.000%
6	0.002%	0.002%	0.000%
7	0.003%	0.003%	0.000%
8	0.003%	0.003%	0.000%
9	0.003%	0.003%	0.000%
10	0.004%	0.004%	0.000%
11	0.004%	0.004%	0.000%
12	0.004%	0.004%	0.000%
13	0.010%	0.011%	+0.001%
14	0.010%	0.010%	0.000%

续表 6

编号	标准硝酸银滴定法	全自动电位滴定法	绝对差值
15	0.010%	0.010%	0.000%
16	0.012%	0.012%	0.000%
17	0.012%	0.012%	0.000%
18	0.012%	0.013%	+0.001%
19	0.015%	0.016%	+0.001%
20	0.016%	0.016%	0.000%
21	0.016%	0.016%	0.000%
22	0.020%	0.020%	0.000%
23	0.020%	0.020%	0.000%
24	0.021%	0.020%	−0.001%
25	0.053%	0.053%	0.000%
26	0.054%	0.053%	−0.001%
27	0.054%	0.055%	+0.001%
28	0.081%	0.081%	0.000%
29	0.082%	0.083%	+0.001%
30	0.087%	0.088	+0.001%

7.3.4 本条规定了全自动电位滴定法测试建设用砂氯离子含量结果的计算方法。其中,0.0355 为换算系数,20 为全部试样溶液与所分取试样溶液的体积比。

7.3.5 本条规定了全自动电位滴定法测试建设用砂氯离子含量结果的评定方法。